气象知识极简书　陈云峰　主编

雷电

任珂　李晨　王晓凡　编著

图书在版编目（CIP）数据

雷电 / 任珂，李晨，王晓凡编著. -- 北京：气象出版社，2019.1（2021.1重印）
（气象知识极简书 / 陈云峰主编）
ISBN 978-7-5029-5152-8
Ⅰ.①雷… Ⅱ.①任… ②李… ③王… Ⅲ.①雷－普及读物②闪电－普及读物 Ⅳ.①P427.32-49

中国版本图书馆CIP数据核字（2018）第202196号

Leidian
雷电

出版发行：气象出版社
地　　址：北京市海淀区中关村南大街46号　　**邮政编码**：100081
电　　话：010－68407112（总编室）　010－68408042（发行部）
网　　址：http://www.qxcbs.com　　**E-mail**：qxcbs@cma.gov.cn
责任编辑：侯娅南　　**终　　审**：张　斌
责任校对：王丽梅　　**责任技编**：赵相宁
封面设计：符　赋　　**审 图 号**：GS（2018）4729号
印　　刷：北京地大彩印有限公司
开　　本：710 mm × 1000 mm　1/16　　**印　　张**：2.25
字　　数：15千字
版　　次：2019年1月第1版　　**印　　次**：2021年1月第2次印刷
定　　价：10.00元

《气象知识极简书》丛书
编 委 会

前　言

变幻莫测的气象风云，每时每刻都影响着生活在地球上的生命，特别是很多常见的天气现象：高温热浪、暴雨（雪）、台风、寒潮、雷电、沙尘暴……它们的出现往往会给人类带来无穷的烦扰。在人类久远的历史长河中，它们是一股“神秘力量”，令古人见之生畏；而在科学如此发达的今天，虽然关于它们还有很多未知领域需要探究，但面对各类天气我们已经不再惧怕：它们的出现有迹可循，它们的类型有据可辨，它们并非一无是处，它们变得可以被防范、被利用。

《气象知识极简书》就是这样一套认识天气的入门级丛书，共8册。内容包括暴雨洪涝、台风、雷电、大风、沙尘暴、高温与干旱、暴雪、寒潮与霜冻共10种与我们生产、生活息息相关的天气类型。采取问答形式，设问有趣活泼，回答简短精干，配以生动的漫画解读读者感兴趣的基础性问题。针对每一种天气类型，不仅仅回答是什么、为什么、面对危险怎么办，还包括我们如何监测天气、如何利用天气等，在阐明气象知识的同时，尽量增加可读性、趣味性。

作为一套入门级气象科普丛书，它受众面较广，既适合作为中小学生的读物，也适合广大对气象科学抱有兴趣的成年读者。

以易懂的方式普及气象知识，以轻松的心态提升科学素养。开卷有益，气象万千！

编　者

目　录

什么是雷电？

天上有各种各样的云，其中有一种叫积雨云。它就像巨大高耸的山峰，又像一个超级大的馒头。这种云里水汽非常足，还有很多很多小水滴、小冰晶，是雷电的家。

雷电是怎么产生的?

★ 闪电现象

积雨云中的冰晶、水滴等在对流中不断碰撞摩擦产生电荷，形成电场，云与云之间、云与地之间或云体内部就产生了放电现象，这就是我们常见的闪电。出现雷电的天气常伴有强烈的阵风和暴雨，有时还有冰雹或者龙卷风。

★ 雷鸣现象

闪电时释放巨大的热能会使周围温度瞬间增高，空气的体积迅速膨胀，产生如同车轮滚滚或者擂鼓一样的雷声。

★ 雷电的主要特点

放电时间短，一般为 50 ~ 100 微秒（1 微秒 $=10^{-6}$ 秒）。

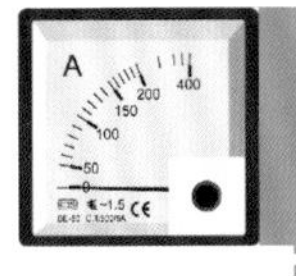

冲击电流大，高达几万到几十万安培。

产生冲击空气的压强可高达几十个标准大气压（一个标准大气压约为 1.013×10^{5} 帕）。因此，雷电破坏力惊人。

冲击电压高。强大的电流产生的交变磁场，其感应电压可高达上万伏。

释放热能大，瞬间能使局部空气温度升高数千摄氏度以上。

怎样科学监测雷电？

★闪电定位仪

全天候“捕捉”每次闪电的具体位置、时间、电流强度等。

★大气电场仪

测量大气电场及其变化，雷电预警不是梦。

★气象卫星

通过搭载的闪电成像仪探测闪电发出的光信号，监测闪电发生情况。

★气象雷达

对近距离到几百千米范围内的雷暴云进行监测，根据监测强对流天气的雷达回波强弱等特征，可推断是否会发生雷电，起到较好的雷电预警作用。

雷电也有分类吗？

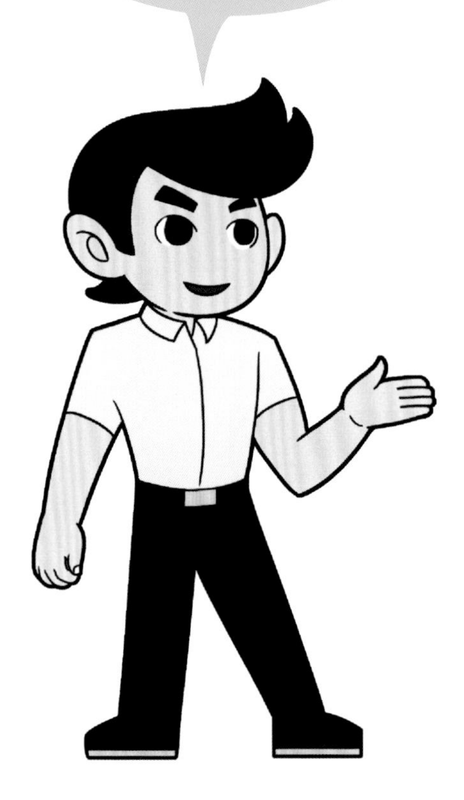
从危害角度雷电可分为直击雷、球形雷、感应雷和雷电波入侵4种。

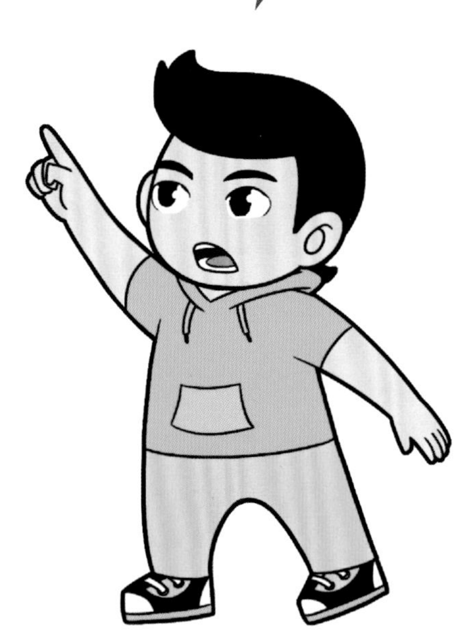
直击雷是威力最大的雷电。

直击雷

威力最大的雷电

云体与地面物体之间会形成极高的电压并击穿空气放电。

球形雷

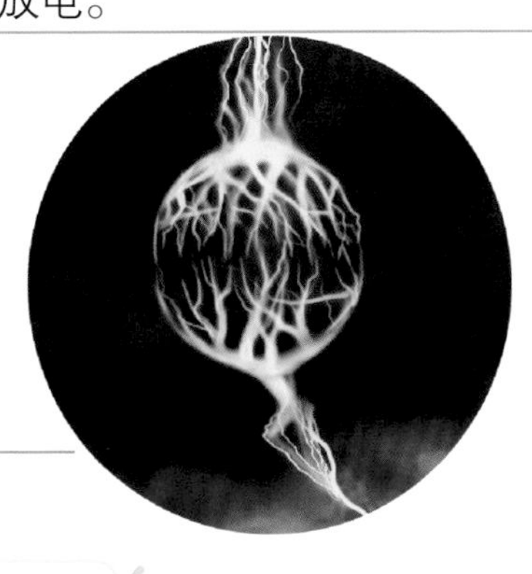

较直击雷威力偏小

球形雷是一种带电的球形漂浮气团，发出红光或极亮白光。

感应雷

对电子设备影响较大

主要由电磁感应所致，可造成对人体的二次放电，可破坏电气设备。

雷电波入侵

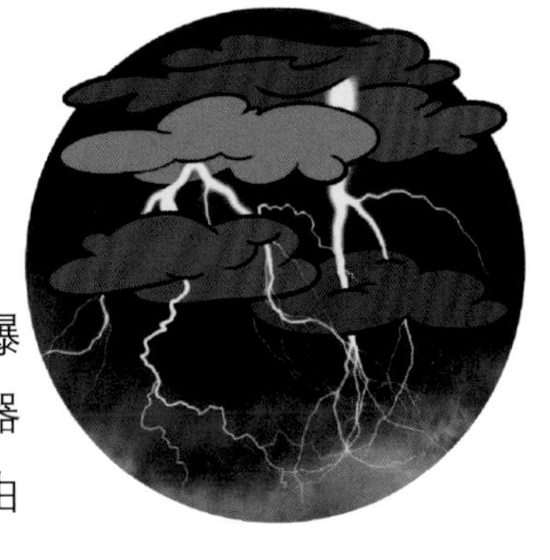

雷电波不可忽视

雷雨天，室内电气设备突然爆炸起火或损坏，人在屋内使用电器或打电话时突然遭电击身亡都是由雷电波造成的。

我国哪里最“雷人”？

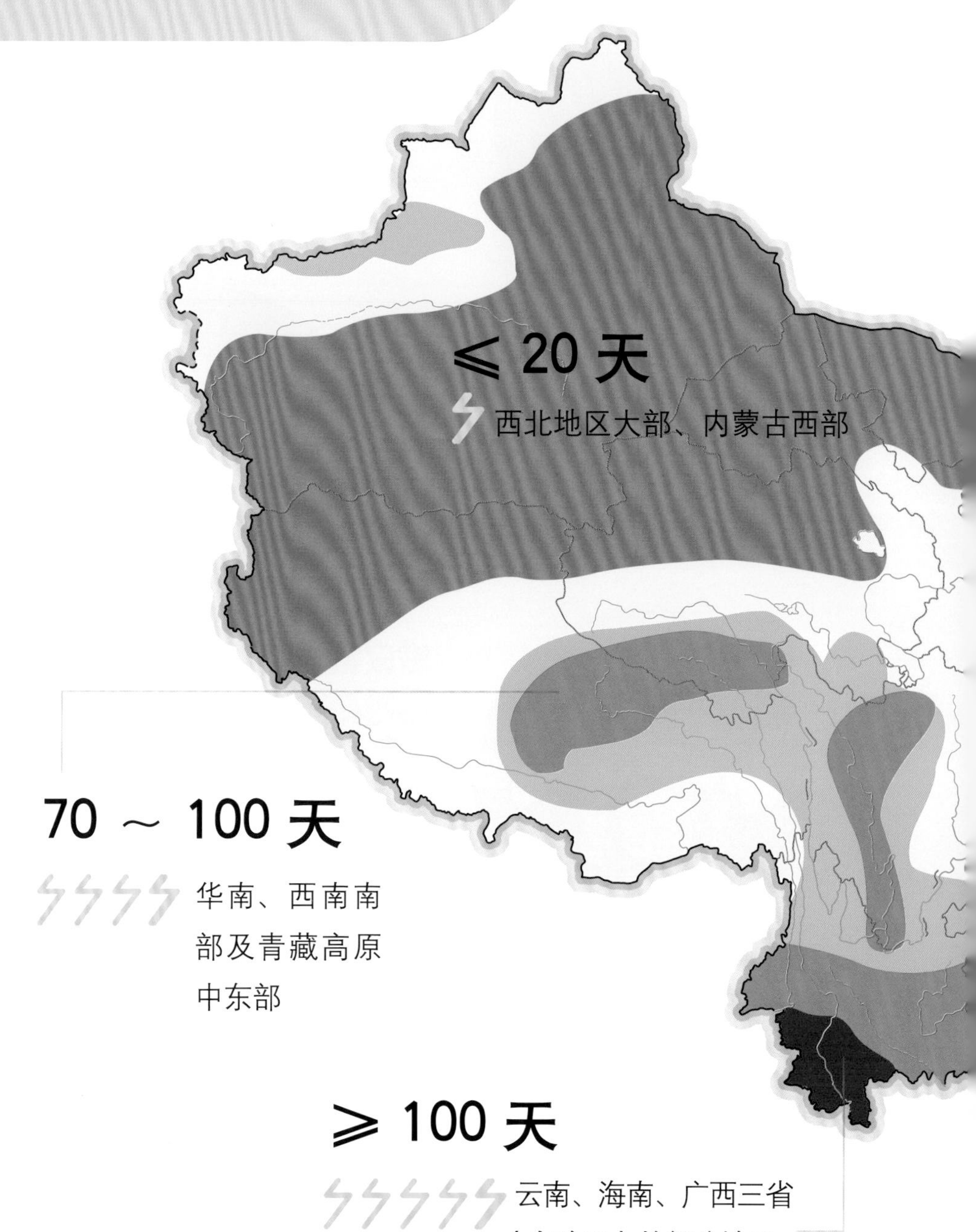

≤20天
西北地区大部、内蒙古西部
70～100天
华南、西南南部及青藏高原中东部
≥100天
云南、海南、广西三省（自治区）的部分地区

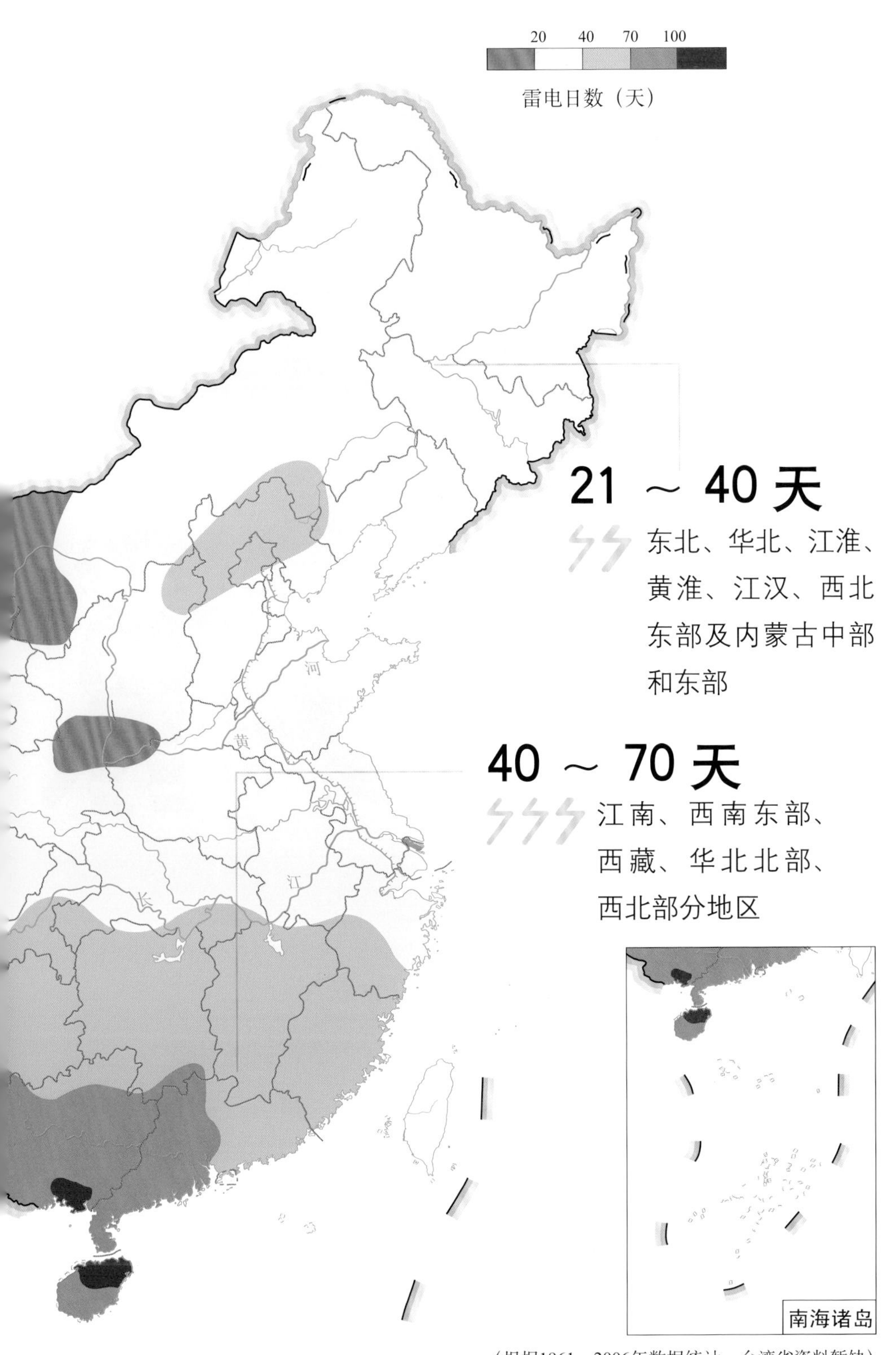

（根据1961—2006年数据统计，台湾省资料暂缺）

雷电带来的危害有哪些？

★火灾和爆炸

直击雷放电的高压和高热可以直接引起火灾和爆炸，也有可能破坏电气设备的绝缘装置等引起间接火灾和爆炸。

★触电伤亡

雷电对人体直接放电，雷击后没有散去的电力也会通过接触电压使人触电，电气设备绝缘装置因雷击而损坏也可使人遭到电击。

★设备和设施毁坏

雷击产生的高电压、大电流伴随的汽化力、静电力、电磁力可毁坏各种电气装置、建筑物及其他设施。

★大规模停电

电力设备或电力线路被雷电破坏后导致大规模停电。

怎样判断雷电离我有多远？

轰
轰
轰
光速比声速大约快 100 万倍，闪电与伴随的雷声之间会有时间差哦！

判断雷电距离自己有多远，最简单方法是：

当听到雷声时，通过计算与看见闪电的间隔时间长短来判断自己所处的位置与雷电之间的距离。

如果看见闪电和听见雷声之间，时间间隔为 3 秒，表示雷电发生在离自己约 1 千米的位置。

如果是 1 秒，也就是闪电过后一眨眼的时间就听见雷声，说明雷电就发生在自己附近约 300 米处。

哪些地方容易遭到雷击?

容易遭雷击的地方

缺少避雷设备或避雷设备不合格的高大建筑物、大型储罐等。

没有良好接地的金属屋顶。

潮湿或空旷地区的建筑物、树木等。

山顶、山坡、山脚下，水面或水陆交界处。

雷电用什么方式伤人？

雷电伤人的4种方式

1 直接雷击

在雷电现象发生时，如果闪电直接袭击到人，受伤是一定的，严重的甚至死亡。

2 跨步电压

落地的雷电在近雷击点处的电压值要比远离雷击点处的电压值大得多。这时，如果有人在雷电落地点附近，两脚分开站立或者行走，一脚距离雷击点近，另一脚离雷击点远，就会产生一定的电位差，从而使人受到伤害，这就是所谓的“跨步电压”。

刚刚是不是被电了一下？
跨步电压
跨步电压

3 接触电压

雷雨天，自来水管、电器的接地线、大树树干等可能因雷击而成为带电的物体，如果人不小心触摸到这些物体，受到这种接触电压的袭击，就会发生触电事故。

4 旁侧闪击

打雷时，如果人恰好在被雷击中的物体附近，雷电电流就会在人头顶高度附近，将空气击穿，再经过人体泄放到地面，人就会被击伤。

雷雨天怎么办？

如何防雷则要做到“室内三不宜”“室外六不宜”。

室内三不宜

1 不宜敞开门窗。

2 不宜使用淋浴冲凉或触摸金属管道，不要使用固定电话。

3 不宜靠近建筑物外墙、电气设备以及使用电器。

因为打雷了，很危险！
为什么要关掉电源呢？

室外六不宜

1 不宜进入临时性的棚屋、岗亭等无防雷设施的建筑物内。

2 不宜躲在大树底下避雨。

3 不宜在空旷或者地势高的地方打雨伞，扛钓鱼竿、高尔夫球棍、旗杆、羽毛球拍等物体。

4 不宜在水面或水陆交界处工作或游玩。

5 不宜进行户外球类运动。

6 不宜停留在建筑物顶上。

怎么紧急救护被雷击的人？

如果受伤的人失去了意识，应立即叫救护车，并尝试着叫醒他。如果伤者无法被叫醒，应让其平躺，解松其衣扣。感觉没有心跳但还有呼吸的人，要立即做胸外心脏按压。如已无呼吸，须立即配合口对口人工呼吸，进行抢救。

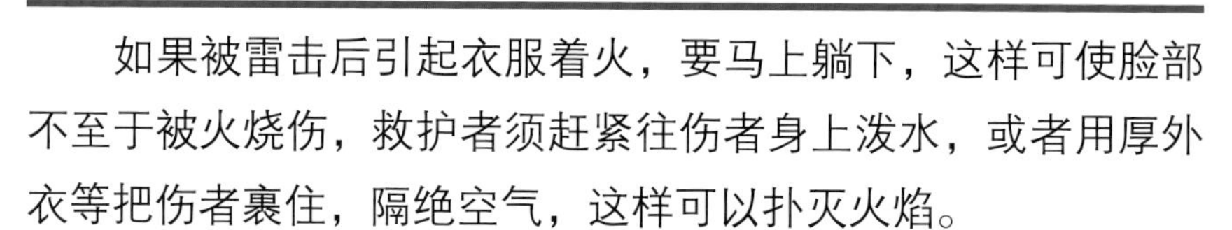

如果被雷击后引起衣服着火，要马上躺下，这样可使脸部不至于被火烧伤，救护者须赶紧往伤者身上泼水，或者用厚外衣等把伤者裹住，隔绝空气，这样可以扑灭火焰。

如果伤者神志清醒，呼吸心跳都正常，应让他就地平躺，不要站立或走动，防止突然休克晕倒或心衰。

达到什么标准会发布雷电预警?

雷电黄色预警信号

6 小时内可能发生雷电活动，可能会造成雷电灾害事故。

雷电橙色预警信号

2小时内发生雷电活动的可能性很大，或者已经受雷电活动影响，且可能持续，出现雷电灾害事故的可能性比较大。

雷电红色预警信号

2小时内发生雷电活动的可能性非常大，或者已经有强烈的雷电活动发生，且可能持续，出现雷电灾害事故的可能性非常大。

避雷针怎样工作，你知道吗？

其实避雷针如果叫“引雷针”似乎更合适。

打雷的时候，临近带电云层的高大建筑上会被感应上大量的电荷。

如果有避雷针的话，它尖尖的针头就会把这些电荷聚集到自己这里。

又因为避雷针是接地的。它可以瞬间把聚集在自己身上的电转移到大地，这样就保证了高楼大厦的安全。

雷电带来的好处有哪些？

制造化肥

根据测算，雷电发生时，空气中的氮和氧会被电离、化合，形成易被植物吸收的氮肥。地球每年仅仅因为雷电而形成的氮肥就有 4 亿吨。

促进生物生长

在雷电造成的电位差的刺激下，雷雨后 1 ~ 2 天内，植物生长和新陈代谢特别旺盛。

制造负氧离子

雷雨过后，空气中高浓度的负氧离子会起到消毒杀菌的作用。

雷电还有巨大的能量

雷电有巨大的冲击力，可以夯实松软的基地，为建筑工程节省大量能源。